Richard Moritz

Spezielle Mathematik zur Komplexen Koexistenz

GRIN Verlag

Bibliografische Information der Deutschen Nationalbibliothek:

Die Deutsche Bibliothek verzeichnet diese Publikation in der Deutschen Nationalbibliografie; detaillierte bibliografische Daten sind im Internet über http://dnb.d-nb.de/ abrufbar.

Impressum:

Druck und Bindung: Books on Demand GmbH, Norderstedt Germany
ISBN: 978-3-656-84135-7

Dieses Buch bei GRIN:

http://www.grin.com/de/e-book/283580/spezielle-mathematik-zur-komplexen-koexistenz

Richard Moritz

Spezielle Mathematik zur Komplexen Koexistenz

Grundlagen und Einführung in dieses mathematische Spezialgebiet

Inhalt

Vorwort

In der Theorie der Komplexen Koexistenz befassen wir uns mit Problemen in Grenzbereichen und mit sprunghaften Veränderungen im mathematisch komplexen Bereich. Zwar kann man die Probleme mit Grenzwertbetrachtung und Differenzialrechnung angehen. Dennoch stößt man an Grenzen. Vor allem, wenn man – wie in der Forschung – noch nicht über vollständige Formeln verfügt. Hier war es von Nöten nach einer besseren mathematischen Problemlösung für diesen Bereich zu suchen

Ursprünglich habe ich nur die Phänomene des Rechnens mit null und unendlich untersucht, um spezielle Problem zu lösen. Dabei bin ich auf dieses allgemeine Problem gestoßen.

In dem vorliegenden Buch werden die grundlegenden Regeln der Mathematik isoliert und die "Zahlen" null und unendlich definiert und eine kleinst - und größtmögliche Zahl (ohne Wert) eingeführt und ihnen einen festen Platz im Zahlensystem zugewiesen. Hierfür mussten einige spezielle Regeln erstellt werden. Diese wurden erstmals in dem Buch Mathematik ohne Grenzen veröffentlicht.

Der zweite Teil des Buches enthält die mathematische Beweisführung für die Definitionen und Regeln des ersten Teils. Ihre Gültigkeit und Übereinstimmung mit den anerkannten Regeln der Mathematik werden nachgewiesen.

Der Teil 3 des Buches befasst sich mit dem Einstieg in das Gebiet der Transformationen für die gezielte Anwendung im Bereich der Komplexen Koexistenz.
Nachdem die Regeln dieses Buches nun in der Theorie der Komplexen Koexistenz eine breitere Anwendung gefunden haben, wurde die vorliegende Auflage im Hinblick darauf überarbeitet. Speziell wird auf die Anwendung im Subatomaren Bereich eingegangen.

Das Buch erhebt nicht den Anspruch auf Vollständigkeit. Es enthält jedoch alles was nach Meinung des Autors erforderlich ist, um ein volles Verstehen der Problematik der mathematischen Handhabung der Komplexen Koexistenz zu erreichen. Kenntnisse der Infinitesimalrechnung, der Vektorenrechnung und der komplexen Rechnung werden vorausgesetzt.

Der Verfasser

Teil 1 Grundlage

I.1. Die Zahlentheorie

Als Grundlage der Mathematik dienen die Peanoschen Axiome[1]

1. 1 ist eine natürliche Zahl.

2. Zu jeder natürlichen Zahl n existiert genau ein Nachfolger n', der ebenfalls der natürlichen Zahlenmenge angehört.

3. Es gibt keine natürliche Zahl, deren Nachfolger 1 ist.

4. Die Nachfolger zweier verschiedener natürlicher Zahlen sind voneinander verschieden.

5. Eine Menge von natürlichen Zahlen enthält alle natürlichen Zahlen, wenn 1 zur Menge gehört und mit einer natürlichen Zahl n stets auch der Nachfolger n' zur Menge gehört.

Diese Regeln sagen nichts weiter aus, als dass die 1 die erste Zahl im Zahlensystem ist und dass jede Zahl eine nachfolgende Zahl hat, die um den Wert 1 größer ist als die vorhergehende. Dieses Zahlensystem enthält nicht den Wert "0" und auch nicht den Wert "∞". Das Zahlensystem ist nach oben offen, daher kann es immer eine größte Zahl geben, aber nicht ∞. Es ist von fundamentaler Bedeutung, dass sowohl die 0 als auch ∞ außerhalb des Zahlensystems liegen.

I.1.1 Die Zahl

Was ist eine Zahl?

Eine Zahl ist ein festgelegtes Symbol für einen bestimmten Wert. Dieser Wert gilt nur für diese eine Zahl.

Ihre Position, innerhalb des Zahlensystems, ist ebenfalls festgelegt und unveränderbar.

Ihr Wert liegt genau zwischen dem Wert der vorangegangenen und der nachfolgenden Zahl und wird durch deren Werte bestimmt. Dies gilt nicht für die erste Zahl (1); ihr Wert ist durch Definition festgelegt und gibt zugleich auch die Schrittgröße des Systems an. Hieraus ergibt sich, dass sowohl der Wert einer Zahl, als auch ihre Position im Zahlensystem festgelegt sind. Der Wert und die Position einer Zahl stehen miteinander in einer festen Beziehung.

1) Benannt nach Guiseppe Peano (1858-1932)

Hieraus ergibt sich die 1. Regel

DER WERT EINER ZAHL WIRD AUSSCHLIESSLICH DURCH IHRE POSITION IM ZAHLENSYSTEM BESTIMMT! UNABHÄNGIG DAVON, WIE DIESES AUCH IMMER AUFGEBAUT SEIN MAG.

Wenn wir eine Zahl benennen, meinen wir im Allgemeinen Position und Wert der Zahl. Für den Umgang mit der Mathematik ist es jedoch von entscheidender Bedeutung zu wissen, dass Wert und Position zwei ganz verschiedene Dinge sind; wobei die Position übergeordnet ist. Der Umstand, dass diese beiden Dinge gleichgesetzt wurden, hat zu der Irrlehre geführt, dass man mit null keine höheren Rechenoperationen durchführen kann.

Es gibt eine 2. Regel

DIE POSITION EINER ZAHL BESTIMMT DEREN WERT, SIE IST DAMIT DEM WERT ÜBERGEORDNET!

Die Bedeutung dieser Regel wird im Verlaufe des Buches deutlich werden.

Die Zahlen 0 und ∞ liegen außerhalb des Zahlensystems und können deshalb keinen Wert annehmen. (Es wird Ihnen vielleicht etwas merkwürdig vorkommen, dass ich ∞ als eine Zahl bezeichne, da dies nicht allgemein üblich ist. Aber es ist korrekt, wie Sie im Verlaufe des Buches feststellen werden.)

Im weiteren Verlauf des Buches unterscheiden wir zwischen drei Arten von Zahlen.

a.) Die Zahl mit Eigenwert. Hierunter verstehen wir jede Zahl, die von Natur aus innerhalb des Zahlensystems liegt.

b.) Die Zahl ohne Eigenwert. Hierunter verstehen wir die Zahlen 0 und ∞.

c.) Die Zahl mit unbestimmtem Wert. Hierunter verstehen wir Zahlen denen (per Definition oder durch Rechenoperationen) eine Position zugewiesen wird, welcher jedoch kein fester Wert zugewiesen werden kann, sowie alle Zahlen, die außerhalb des Systems liegen (z.B. $\infty/_2$, $2{\cdot}\infty$).

Die Zahl mit unbestimmtem Wert hat keinen praktischen Wert, kann aber vorkommen und als Hilfswert bei Rechenoperationen hilfreich sein. Sie muss daher der Vollständigkeit halber an dieser Stelle erwähnt werden.

I.1.2 Rechenregeln

Wenn wir mathematische Berechnungen durchführen, dann operieren wir nicht - wie meist fälschlicherweise angenommen wird - mit den Werten der Zahlen, sondern mit ihren Positionen. Dies wird dann deutlich, wenn man mit Formeln rechnet (z.B. a+b=c). Hier werden die Werte nachträglich zugeordnet.

Beispiel:

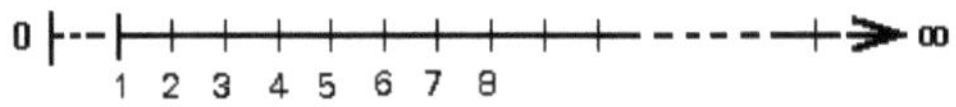

a+b=c; a=3, b=4   3+4=7

Wir können a als Startposition, b als zu gehende Strecke, + als Richtung und c als Ziel ansehen. Wir starten an der Position 3 und bewegen uns um 4 Einheiten in Richtung ∞. So gelangen wir zu der Position 7. Der Position 7 ist der Wert 7 zugeordnet. Das Ergebnis ist 7.

Die Zeichen + und - geben die Bewegungsrichtung an.

+ ist eine Bewegung in Richtung ∞.

- ist eine Bewegung in Richtung 0 (bzw. Richtung - ∞)

Eine Formel (Rechenoperation) gibt die Wege an, die man gehen muss, um zum Ziel (Rechenergebnis) zu gelangen.

Beispiel: 3+4-5+6=X

Der Auftrag lautet: Starte an der Position 3, gehe 4 Einheiten in Richtung ∞, gehe 5 Einheiten in Richtung 0, gehe dann 6 Einheiten in Richtung ∞, dann bist du am Ziel (Position X). X entspricht der Position 8 und hat somit den Wert 8. Dies gilt selbstverständlich für alle Rechenregeln.
Hieraus ergibt sich die 3.Regel

RECHENOPERATIONEN STELLEN DIE BEZIEHUNGEN ZWISCHEN DEN POSITIONEN (NICHT DEN WERTEN) DER ZAHL DES ZAHLENSYSTEMS DAR.

Das in diesem Kapitel beschriebene Zahlensystem ist zwar für die Beschreibung der Grundregeln gut geeignet, aber für die Beschreibung aller Regeln und Verfahren unzureichend. Das gezeigte System enthält nur ganze Zahlen und die Zahlen 0 und ∞, als Richtungsangaben. Null und unendlich gehören hier strenggenommen gar nicht her, da sie Verknüpfungsfunktionen haben. Die besonderen Eigenschaften dieser speziellen Zahlen kommen hier noch nicht zum Tragen.

I.1.3 Gebrochene Zahlen

1/2, 1/3, 1/786 sind gebrochene Zahlen (Brüche). Zur Vereinfachung können wir sagen: ganze Zahlen sind größer als 1 und gebrochene Zahlen sind immer kleiner als 1. Dies ist sehr banal, aber von größter Wichtigkeit. Der Zahl 1 kommt daher eine besondere Bedeutung zu, wie wir noch feststellen werden.
Zahlen wie 3/2, 1,25...usw. sind Kombinationen (Additionen) von ganzen und gebrochenen Zahlen z.B. 3/2 = 1+1/2; 1,25 =1+1/4 ...usw.

I.2 Das erweiterte Zahlensystem

Ein Zahlensystem, das alle möglichen ganzen und gebrochenen Zahlen enthält und ihre Beziehungen zueinander verdeutlicht, lässt sich wie folgt darstellen.

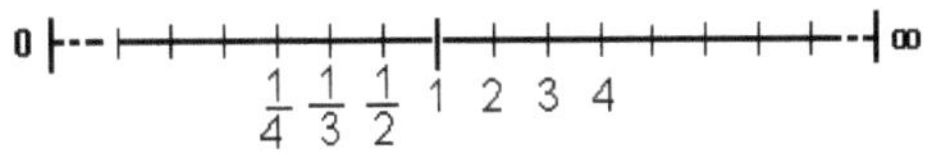

Die Zahl (Position) 1 stellt den Mittelpunkt dieses Systems dar. Die Zahlen 0 und ∞ liegen außerhalb des Systems, genau wie bei dem ursprünglichen Zahlensystem aus Kapitel 1.

Im weiteren Verlauf des Buches werden wir diese 1 als Spiegelachse bezeichnen. Das System ist symmetrisch aufgebaut d.h. 1/2 hat den gleichen Abstand von der 1 (Spiegelachse) wie die 2, 1/3 hat den gleichen Abstand wie 3 ...usw. Die Zahlen 0 und ∞ werden als Verknüpfungsglieder bezeichnet (die Erklärung folgt später).

Genaugenommen stellt die 1 hier auch ein Verknüpfungsglied dar. Wir haben hier zwei Zahlensysteme wie in Kapitel 1 miteinander verknüpft, wobei eines von 1 in Richtung ∞ (unendlich groß) und das andere von 1 in Richtung 0 (unendlich klein) geht. Da aber die 1 zum Zahlensystem gehört und andere Funktionen hat, als die Verknüpfungsglieder (0 und ∞), verwenden wir hier (um Verwechslungen vorzubeugen) nicht den gleichen Ausdruck.

Da das System symmetrisch ist und jede Zahl eine gespiegelte Zahl hat, ist das System nach beiden Seiten offen. Das heißt, es gibt nicht nur immer eine noch größere Zahl, sondern es gibt auch immer eine noch kleinere Zahl. Daraus ergibt sich, dass es weder eine Zahl ∞, noch eine Zahl 0 (als Werte) geben kann. Im Zusammenhang mit diesem Zahlensystem wäre es demnach korrekter den Begriff 0 durch unendlich klein zu ersetzen. Da aber die 0 üblich ist werden wir den Begriff weiter verwenden.

Bei einer Addition oder Subtraktion kann natürlich der Wert 0 als Ergebnis erscheinen. Dies bedeutet aber nichts weiter, als dass man das Zahlensystem verlassen hat. Gebrochene Zahlen sowie auch Dezimalzahlen, die nicht in der Zahlenreihe zu finden sind, sind Additionen mehrerer Zahlen (ganze und/oder gebrochene). Z.B. 1,83333 ... = $1+1/2+1/3$ Die Anzahl der Summanden kann unendlich sein (z.B. bei den Werten von π oder e).

Aus dem symmetrischen Aufbau dieses erweiterten Zahlensystems ergeben sich einige weitere grundlegende Regeln in der Mathematik.

4. Regel

DER BEREICH VON 0 BIS 1 ENTHÄLT DIE GLEICHE ZAHLENMENGE WIE DER BEREICH VON 1 BIS ∞.

Die Vorstellung, dass komplizierte Dezimalzahlen Additionen sind, ermöglicht es, das Zahlensystem einfach zu belassen. Andernfalls hätten wir zwischen zwei ganzen Zahlen unendlich viele gebrochene Zahlen; ein solches System wäre nicht praktikabel.

5. Regel

MULTIPLIZIERT MAN EINE ZAHL MIT IHRER GESPIEGELTEN ZAHL, SO ERHÄLT MAN IMMER DEN WERT 1.

Dies gilt selbstverständlich auch für die Zahlen 0 und ∞, da diese den gleichen Abstand zur Spiegelachse (1) haben (obwohl diese außerhalb des Zahlensystems liegen).

Hieraus ergibt sich: $\infty \cdot 1/\infty = 1$. $1/\infty$ entspricht 0 daher ist $\infty \cdot 0=1$.

[Anmerkung: Diese Rechnung ist nur möglich, wenn 0 und ∞ wie oben definiert sind. Mit der Grenzwertbetrachtung gehen wir gegen 0, was bedeutet, dass wir noch innerhalb des Zahlensystems liegen, aber keine konkrete Position einnehmen.]

Auch Zahlen wie z.B $\infty/2$ oder irgendetwas in der Art, können definiert werden, und man kann mittels $1:\infty/2$ ihre Spiegelzahl errechnen. Solchen Zahlen kann jedoch kein Wert zugeordnet werden; dennoch kann, gemäß der 3. Regel, mit ihnen gerechnet werden.

I. 2.1 Verknüpfungen mehrerer Zahlensysteme

Die Verknüpfung erfolgt mit der Hilfe der Verknüpfungsglieder 0 und ∞

Bisher haben wir nur positive reale Zahlen betrachtet. Zur Erweiterung des Zahlensystems mit negativen Zahlen, wird einfach ein weiteres (identisches) Zahlensystem spiegelverkehrt an 0 oder an ∞, angebunden.

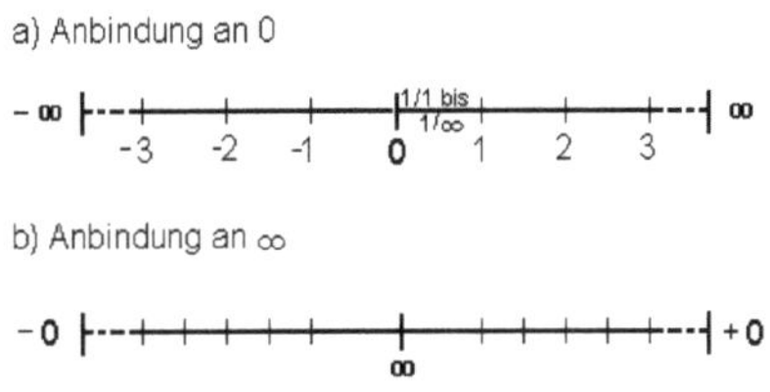

a) Anbindung an 0

Die Erweiterung um die Imaginär-Achse erfolgt ebenfalls durch Anbindung an einem Verknüpfungsglied 0 oder ∞. So erhalten wir die bekannte Gaußsche Zahlenebene.[2]

Gaußsche Zahlenebene

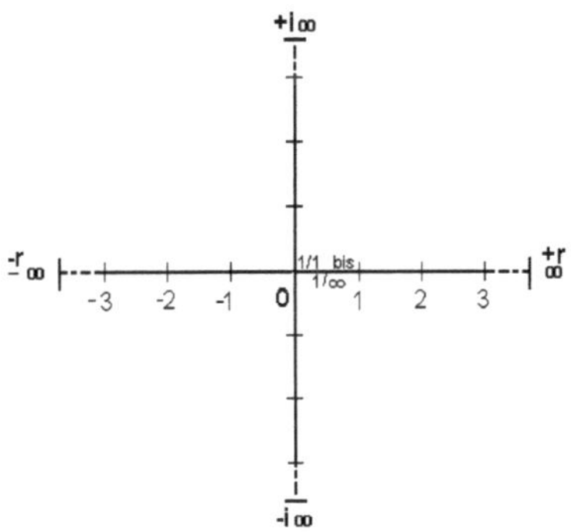

2) Karl Friedrich Gauß(1777 bis 1855)

I.3. Rechnen mit 0 und ∞

Da 0 und ∞ definierte Positionen haben, kann man auch mit ihnen rechnen. Da diese Zahlen aber keinen zugeordneten Wert haben, gibt es einiges zu beachten.

I.3.1 Multiplikation und Division

Regel:

Multipliziert man eine Zahl mit 0, so liegt das Ergebnis zwischen 0 und 1. Geht die Zahl gegen ∞, so geht das Ergebnis gegen 1. Geht die Zahl gegen 1, so geht das Ergebnis gegen 0. Liegt die Zahl zwischen 1 und 0, so ist das Ergebnis 0 (das Ergebnis ergibt eine Zahl die Außerhalb des Zahlensystems liegt).

Eine Division durch 0 entspricht einer Multiplikation mit ∞, daraus folgt: Dividiert man eine Zahl durch 0, so liegt das Ergebnis zwischen 1 und ∞. Geht die Zahl gegen 0, so geht das Ergebnis gegen 1. Geht die Zahl gegen 1, so geht das Ergebnis gegen ∞. Ist die Zahl größer als 1, so ist das Ergebnis ∞. (Da Zahlen größer als ∞ nicht möglich sind, liegen auch hier die Ergebnisse außerhalb des Zahlensystems).

Eine Multiplikation mit ∞ entspricht einer Division durch 0. Eine Division durch ∞ entspricht einer Multiplikation mit 0.

Achtung: Diese Regeln gelten nur für Definierte Zahlensysteme, in denen 0 und ∞ bzw. die größt- und kleinstmögliche Zahl definiert sind. Im Standardsystem ist das Ergebnis einer Multiplikation immer null.

Das folgende Axiom ergibt sich einfach aus der Tatsache, dass es keine Größte Zahl im Zahlensystem gibt, da es laut Definition immer eine noch größere Zahl gibt. Wegen der in Kapitel 2 festgelegten Äquivalenz von 0 und ∞ gibt es immer eine noch kleinere Zahl.

Axiom 1:

EINE ZAHL, GLEICH ODER GRÖSSER ALS ∞ ODER GLEICH ODER KLEINER ALS 0, KANN ES IM EINEM UNENDLICHEN ZAHLENSYSTEM (OFFENES SYSTEM) NICHT GEBEN. ZAHLEN, DIE MITTELS RECHENOPERATIONEN ÜBER EIN VERKNÜPFUNGSGLIED HINAUS GEHEN, WERDEN IN EIN, DIESEM VERKNÜPFUNGSGLIED ANGEBUNDENES, SYSTEM TRANSFORMIERT ODER FALLEN AUS DEM SYSTEM HERAUS, WENN EINE ANBINDUNG FEHLT.

I.4 Definierte (endliche) Zahlensysteme

Bisher haben wir nur das **Unendliche** (nach oben und unten offene) Zahlensystem betrachtet. Ein solches System lässt naturgemäß keine Minima oder Maxima zu. In der Physik gibt es aber solche Phänomene. Nehmen wir zum Beispiel die Aggregatzustände des Wassers. Im Bereich von 0°C bis 100°C ist Wasser flüssig (bei 1 Bar Druck), oberhalb ist es gasförmig, unterhalb fest. Betrachtet man den Aggregatzustand gasförmig, als Imaginärform von flüssig (ob dies physikalisch korrekt und zulässig ist, sei mal dahingestellt), so könnte man 100° als größtmögliche Zahl ansehen und jede größere Zahl (höhere Temperatur) als ∞. In diesem Falle wäre die Bezeichnung ∞ korrekt, da ein Sprung auf die Imaginär Achse erfolgen würde. Das gleiche gilt für 0. Auch hier würde ein Sprung auf die Imaginär-Achse erfolgen. Da aber die Zustände fest und gasförmig nicht identisch sind, müsste einer der beiden Zustände gleichzeitig die Negativform sein (-i). Dies ist ebenfalls einer der Bedingungen, die ein Verknüpfungsglied erfüllen können muss.

Ohne die, in dem nachfolgenden Axiom (Axiom 2) beschriebenen, Regeln kann kein System definiert werden. (Da sonst die üblichen Regeln der Mathematik nicht anwendbar sind)

Axiom 2:

DEFINIERT MAN EIN ZAHLENSYSTEM, INDEM MAN DIE GRÖSST- UND KLEINSTMÖGLICHE ZAHL FESTLEGT, SO MÜSSEN ALLE KLEINEREN UND GRÖSSEREN ZAHLEN DAS SYSTEM VERLASSEN UND DEN BEDINGUNGEN EINES VERKNÜPFUNGSGLIEDES GEHORCHEN.

Die größtmögliche Zahl ist die Zahl, die am obersten Ende des Zahlensystems, unmittelbar vor ∞ ist. Die kleinstmögliche Zahl ist die Zahl, die am unteren Ende des Zahlensystems, unmittelbar vor 0 ist. Die größtmögliche Zahl wird im weiteren Verlaufe mit <M> (Maximum) und die kleinstmögliche Zahl analog dazu mit <m> (Minimum) bezeichnet.

Das folgende Bild zeigt ein definiertes Zahlensystem.

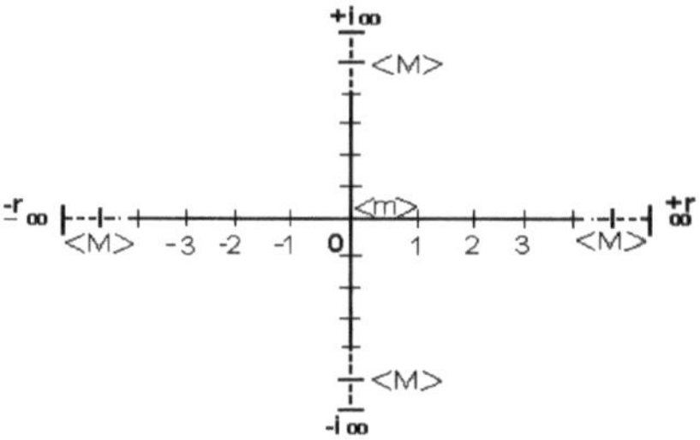

Es gibt noch eine weitere Bedingung, die ein definiertes Zahlensystem aufweisen muss. Die Spiegelachse (1) muss definiert werden. Das ist aber kein Problem, da <M>·<m> = Sp ergibt. (Sp = Spiegelachse.)

Achtung:

In einem definierten Zahlensystem ist, im Gegensatz zum Unendlichen Zahlensystem, die Spiegelachse nicht zwangsweise 1. Das Beispiel mit den Aggregatzuständen ergäbe folgendes Zahlensystem:

Die ganzen Zahlen gingen von 1 bis 100 (<M>), analog dazu wäre <m> 1/100 d.h. alle Zahlen kleiner 0,01 würden zu 0, sowie alle Zahlen größer 100 zu ∞ würden. Als Spiegelachse nehmen wir 1 an.
Sollten Sie auf die Idee kommen, gleichzeitig mit einem solchen System zu arbeiten und dem Unendlichen, so würden Sie Ihr blaues Wunder erleben. Z.B. eine Rechnung wie 105·0,009 erhält als Ergebnis =1.

Warum? Weil 105 zu ∞, und 0,009 zu 0 wird. Im Unendlichen Zahlensystem ist 105·0,009 = 0,945. Man sieht hieraus, dass bei einer direkten Übertragung der Zahlen, aus einem definierten System ins Unendliche System, Fehler entstehen können.

Man kann mit einem Definierten System zwar genauso arbeiten, wie mit dem Üblichen (Unendlichen). Dennoch empfiehlt es sich, wenn immer möglich das Unendliche zu verwenden; das erspart eine aufwendige Transformation, wenn später mit dem Unendlichen weitergearbeitet werden soll. Es ist zwar wunderschön mit einem definierten System zu arbeiten, und ich empfehle Ihnen auch, es übungshalber zu tun. Das Anwendungsgebiet liegt aber im Grenzbereich und bei komplexen Systemen. Es wird verwendet, um das Verhalten an oder in unmittelbarer Nähe von 0 und ∞ zu studieren.

I.5 Anwendbarkeit definierter Systeme

Da Mathematik kein Selbstzweck ist, sondern als Mittel zur Beschreibung physikalischer Gesetzmäßigkeiten dient, muss man die Frage nach der Nutzanwendung stellen. Wo kann man die hier erstellten Regeln und Methoden anwenden? Überall, da wo man es mit Grenzbereichen zu tun hat. Besonders in der Theorie der Komplexen Koexistenz.

Beispiel:

Die Relativitätstheorie (von Albert Einstein[3]) legt die Lichtgeschwindigkeit (c) als Konstante fest, da keine höhere Geschwindigkeit beobachtbar ist. Definiert man nun c als Maxima <M> so ist c=<M>. Die Relativitätstheorie definiert auch die Masse in Abhängigkeit von der Geschwindigkeit.

$m = mc : \sqrt{1-\frac{v^2}{c^2}}$ **ist $v=c$, so ist $mc/0 = m \quad c \cdot \infty$**

Daraus folgt: $m=\infty$

Soweit so gut! Diese Rechnung ist nicht neu. Sie wird oft als Argumentation dafür benutzt, dass die Lichtgeschwindigkeit nicht überschritten werden könne. Weil nämlich eine unendlich große Energie notwendig sein würde, um eine unendlich große Masse zu beschleunigen. Diese Argumentation ist zwar korrekt, aber nur dann, wenn die Masse auch tatsächlich unendlich groß wird. Aber genau das ist zu bezweifeln. Warum?
Nach der Regel für die Division durch 0 wird die Masse (m) nur dann zu ∞, wenn mc größer als 1 ist. Ist mc aber kleiner als 1, so ist m ebenfalls kleiner als ∞.

Bei den gewaltigen Dimensionen, die das Universum bietet, muss man annehmen, dass selbst die Masse eines riesigen Raumschiffes eher gegen 0 geht, als gegen 1 oder gar gegen ∞. Nun, wie dem auch sei, mit einem definierten Zahlensystem ließe sich diese Frage wahrscheinlich beantworten.

Bevor man aber hier ein Zahlensystem definieren kann, muss man prüfen, ob c tatsächlich die größtmögliche Geschwindigkeit ist. Wenn das der Fall ist, dann müssen alle höheren Geschwindigkeiten den Bedingungen eines Verknüpfungsgliedes ∞ gehorchen.

Auf das Beispiel der Relativitätstheorie bezogen bedeutet dies, dass die Masse beim überschreiten der Lichtgeschwindigkeit wieder kleiner werden müsste, da bei <M> der Maximalwert liegt. Die Masse würde sich auf einer der vier an ∞ angebundenen Systeme bewegen. Die Gaußsche Zahlenebene kennt nur diese vier (+r, -r; +i, -i).

3) Albert Einstein (1879 bis 1955)

Möglicherweise gibt es noch weitere unbekannte Anbindungsmöglichkeiten.

Wir wollen dies an einem Beispiel prüfen.

Annahme v = 5c (c=Lichtgeschwindigkeit)

$$m=mc : \sqrt{1-\frac{v^2}{c^2}}$$

$$m=mc : \sqrt{1-\frac{5^2 c_0^2}{c_0^2}}$$

$$m=mc : \sqrt{1-25}$$

$$\underline{\underline{m = mc : i4{,}9}}$$

Ergebnis:

Es erfolgt ein Sprung auf die Imaginär-Achse, d.h. dass die Bedingungen eines Verknüpfungsgliedes erfüllt sind. Damit können wir die Lichtgeschwindigkeit als <M> akzeptieren.

Die Eigenschaften der Verknüpfungsglieder liefern uns Hinweise auf physikalische Minima und Maxima. Überall, wo ein sogenannter Lawineneffekt auftritt (explosionsartige Veränderungen) oder wo schlagartige Veränderungen der inneren Struktur, wie z.B. beim Curiepunkt oder Gefrierpunkt zu finden sind, können Sprünge auf die Imaginär-Achse und/oder Vorzeichenwechsel stattfinden.

Bei komplexen Systemen, z.B. im Zusammenhang mit den trigonometrischen Funktionen, gibt es definierte Systeme von +1 über 0 zu -1. In solchen Fällen ist +1 und -1 natürlich <M> und -<M>, da diese Werte nicht überschritten werden können. Wir haben hier die Situation, dass die 1 (<M>) der Realachse mit der 0 der Imaginär-Achse zusammenfällt und umgekehrt i1 (i<M>) mit real 0. Daher haben wir hier ebenfalls ein Verknüpfungsglied. Hier liegt immer ein definiertes System zugrunde, da es kein unendlich geben kann, aber einen eindeutig definierten Maximalwert. Da der Sprung auf die Imaginär-Achse bei 0 oder bei > <M> erfolgt, findet beim theoretischen Überschreiten des Wertes 1 (<M>) ein Übergang auf eine andere Achse statt. Aufgrund der quadratischen Basis der komplexen Systeme kann jedoch nur ein Rücksprung oder ein Sprung auf die Imaginär-Achse und kein Nulldurchgang erfolgen.

I.6 Philosophische Gedanken

Dieses Beispiel wirft einige Grundlegende Fragen auf. So z. B. wurde zum einen die Lichtgeschwindigkeit als größtmögliche Geschwindigkeit <M> festgelegt, zum anderen wurde mit der fünffachen Geschwindigkeit gerechnet. Wenn die Lichtgeschwindigkeit <M>ist, dann ist die zweite Rechnung nicht mehr möglich. Oder? Nein, so ist das nicht. Wenn die Lichtgeschwindigkeit eine Konstante ist, wie in der Relativitätstheorie festgelegt, dann bedeutet dies nichts anderes, als dass es für unser physikalisches System, in dem wir leben und welches wir beobachten, dieses Maximum gibt. Das heißt nicht zwangsweise, dass es keine höhere Geschwindigkeit geben kann. Nur wenn es sie gibt, wird sie für uns nicht direkt (mit physikalischen Mitteln) beobachtbar sein. Dies wird leichter verständlich, wenn wir uns das Beispiel mit den Aggregatzuständen genauer ansehen. Für Wasser im flüssigen Zustand gibt es (bei 1 Bar Druck) keine höhere Temperatur, als 100°C. oberhalb dieser Temperatur hört das Wasser nicht auf zu existieren, es ist nur nicht mehr flüssig. Für einen Fisch, der ausschließlich im Wasser lebt und der Wasser nur im flüssigen Zustand wahrnehmen kann, hört es tatsächlich auf zu existieren, wenn es gasförmig wird. Wie wir wissen, hängt der Aggregatzustand des Wassers von zwei variablen Faktoren ab, dem Druck und der Temperatur. Sie können Wasser auch zum gefrieren oder verdunsten bringen, indem Sie die Temperatur konstant halten und den Druck variieren. Das ist auch die physikalische Erklärung, wieso Eis unter Druck schmilzt. Die Temperatur (z.B. -5°C) ist konstant, unter dem Gewicht eines Gegenstandes steigt der Druck, wodurch der Gefrierpunkt unter -5°C sinkt. Als Ergebnis schmilzt das Eis. In diesem Beispiel kann man <M> und <m> gezielt festlegen.

Wenn die Masse, im Beispiel mit der Lichtgeschwindigkeit, in einen imaginären Zustand übergeht, so bedeutet dies nicht zwangsweise, dass sie sich auflöst oder so etwas, es bedeutet aber, dass sie für den Betrachter auf der Realachse eine andere (wahrscheinlich eine für ihn nicht wahrnehmbare) Erscheinungsform annimmt.

Die Frage, was ist real? was ist imaginär? ist einfach zu beantworten. Der Zustand, der normalerweise vorliegt ist real. Für den Fisch im obigen Beispiel wäre natürlich der flüssige Zustand der reale.

Mathematisch und physikalisch gibt es keinen Unterschied in der Wertigkeit von Real- und Imaginär-Achse. Der Sprung von der Realachse zur Imaginär-Achse gehorcht denselben Regeln, wie der von der Imaginär-Achse zur Realachse.

Weitere Überlegungen würden den Rahmen dieses Buches sprengen.

Teil 2Beweisführungen

Der zweite Teil dieses Buches untersucht das Verhalten der Verknüpfungsglieder und erarbeitet die Gesetzmäßigkeiten nach denen, innerhalb der Gaußschen Zahlenebene, ein Wechsel von einem System zum anderen stattfindet. Auf diese Weise wird auch die Richtigkeit der Annahme, dass 0 und ∞ analoge Funktionen haben und somit eine Verknüpfung der Systeme auch an ∞ möglich und mathematisch zulässig ist nachgewiesen.

Die nachfolgenden Berechnungen und Beweisführungen werden über gebrochene rationale Funktionen geführt. Grundkenntnisse der Algebra und der Infinitesimalrechnung werden vorausgesetzt.

II Erläuterung

Die gewählten Grundfunktionen sind bewusst einfach gehalten und sind allgemein bekannt. Diese werden miteinander verknüpft. Die Ergebnisse sind ebenfalls einfache Funktionen, deren Verläufe allgemein bekannt sind. Für den Rest dieses Kapitels betrachten wir jede gebrochene rationale Funktion (f_3), als aus 2 Grundfunktionen bestehend.

Gebrochene rationale Funktionen haben bekannte Problemstellen, die sogenannten Pole. Diese tauchen auf, wenn eine oder beide Grundfunkionen einen Wert 0 haben. Nach der bisherigen Regel waren diese unberechenbar, da Rechenoperationen mit 0 nicht erlaubt waren. Sie waren allenfalls mit der Differentialrechnung zu lösen.

Da die Ergebnisse der ausgewählten Beispielfunktionen ebenfalls Funktionen mit bekanntem Verlauf sind, kann man die Ergebnisse direkt ablesen. Durch Rückschlüsse lassen sich dann die Gesetzmäßigkeiten der Nullstellen ermitteln. Auf gleiche Weise funktioniert es auch mit ∞.

II.1 Definition

Dividiert man eine Funktion von X durch eine weitere Funktion von X, so erhält man eine neue Funktion von X, die alle Merkmale einer Funktion aufweisen.

Die allgemeine Form ist im Folgenden dargestellt. Es gilt:

$$Y_1 = f_1(x);\; Y_2 = f_2(x)$$

$$Y_3 = \frac{Y_1}{Y_2} = \frac{f_1(x)}{f_2(x)} = f_3(x) = \frac{f_1(x)}{f_2(x)}$$

$$Y_3 = \frac{Y_1}{Y_2}$$

Diese allgemeine Form liegt den nachfolgenden Beispielen zu Grunde.

Beispiel: $f_1(x) = x^3;\; f_2(x) = x^2$

$$f_3(x) = \frac{f_1(x)}{f_2(x)} = \frac{x^3}{x^2} = x$$

Wertetabelle:

x	2	3	4	5
f_1	8	27	64	125
f_2	4	9	16	25
f_3	2	3	4	5

Sind die Funktionen $f_1(X)$ und $f_2(X)$ bekannt, kann Y_3 mit den üblichen mathematischen Methoden ermittelt werden. Ist eine der beiden Funktionen unbekannt, so ist diese Funktion $f_3(X)$ als Einheit zu betrachten. Unabhängig davon ist $f_3(X)$ immer eine Funktion die eindeutig bestimmt ist, d.h. alle Werte gehorchen dieser Funktion.
Liegt der Punkt X=0 innerhalb des Definitionsbereich einer solchen Funktion, hat Y den Wert der Funktion an der Stelle X=0. Dies gilt selbstverständlich auch dann, wenn $Y_3 = Y_1/Y_2 = 0/0$ ist. Hieraus ergibt sich folgende Definition: Dividiert man eine Funktion durch eine weitere Funktion, an einer Stelle an der beide den Wert 0 haben, so wird der Wert aus 0/0 vom Verlauf der, durch die Division entstandenen, Funktion bestimmt.

II.2 Allgemeine Berechnung von 0/0

a. Betrachtung von Nullstellen.

Die in Kapitel II.1 ermittelte Definition erlaubt das Errechnen von 0/0 über den Verlauf der, durch die Division entstandenen Funktion. Unter Anwendung dieser Definition, sollen nun einige Beispiele auf ihre Nullstellen hin untersucht werden.

Beispiel 1: $f_1(x)$ $y = \sin x$; $f_2(x)$ $y = \sin x$; $f_3(x) = ?$

$$f_3(x) = \frac{f_1(x)}{f_2(x)} = y_3 = \frac{\sin x}{\sin x.} = 1$$

Wertetabelle:

x	-30°	-15°	0°	15°	30°
f_1	-0,5	-0,259	0	0,259	0,5
f_2	-0,5	-0,259	0	0,259	0,5
f_3	1	1	1	1	1

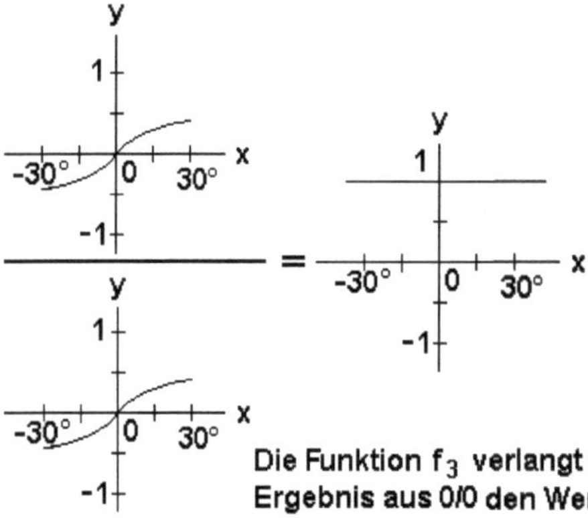

Die Funktion f_3 verlangt als Ergebnis aus 0/0 den Wert 1.

Beispiel2: $f_1(x)$ $y = x^3$; $f_2(x)$ $y = x^2$; $f_3(x) = ?$

$$f_3(x) = \frac{f_1(x)}{f_2(x)} = y_3 = \frac{x^3}{x^2} = x$$

Wertetabelle:

x	- 2	-1	0	1	2
f_1	- 8	- 1	0	1	8
f_2	4	1	0	1	4
f_3	- 2	- 1	0	1	2

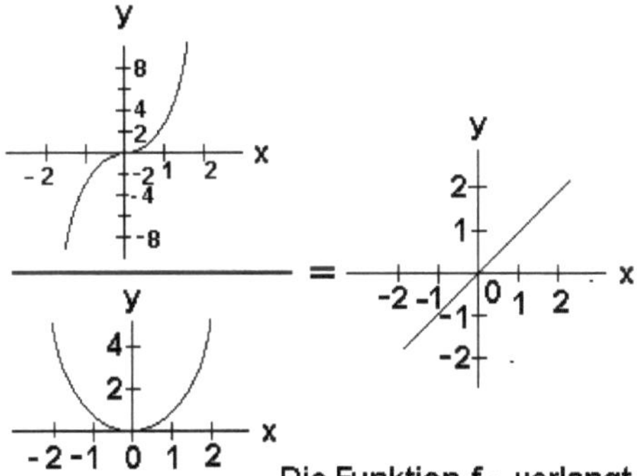

Die Funktion f_3 verlangt als Ergebnis aus 0/0 den Wert 0.

Beispiel 3: $f_1(x)\ \ y = x^3$; $f_2(x)\ \ y = x$; $f_3(x) = ?$

$$f_3(x) = \frac{f_1(x)}{f_2(x)} = y_3 = \frac{x^3}{x} = x^2$$

Wertetabelle:

x	- 2	-1	0	1	2
f_1	- 8	- 1	0	1	8
f_2	- 2	- 1	0	1	2
f_3	4	1	0	1	4

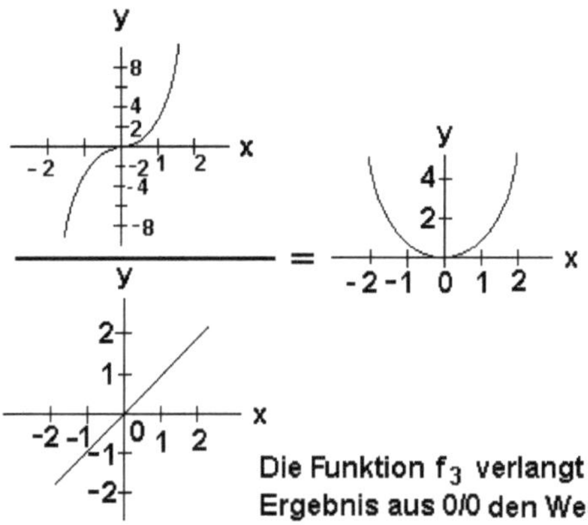

Die Funktion f_3 verlangt als Ergebnis aus 0/0 den Wert 0.

Beispiel 4: $f_1(x)\ \ y = x^2$; $f_2(x)\ \ y = x^4$; $f_3(x) = ?$

$$f_3(x) = \frac{f_1(x)}{f_2(x)} = y_3 = \frac{x^2}{x^4} = x^{-1}$$

Wertetabelle:

x	- 2	-1	0	1	2
f_1	4	1	0	1	4
f_2	16	1	0	1	16
f_3	0,25	1	∞	1	0,25

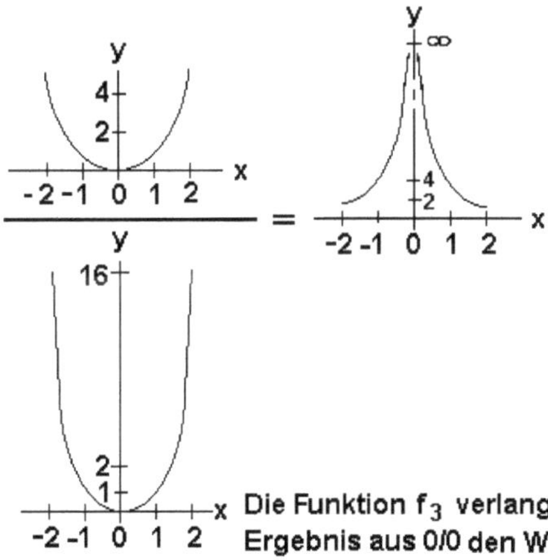

Die Funktion f_3 verlangt als Ergebnis aus 0/0 den Wert ∞.

II.3 Analyse der Beispiele aus I.2

Die in Kapitel II.2 gezeigten Beispiele beweisen, dass es unmöglich ist, dem Ergebnis aus 0/0 einen für alle Fälle gültigen Wert zuzuordnen.

Es gibt mehrere mögliche Ergebnisse.

Aufgrund der unterschiedlichen Ergebnisse liegt ist es offensichtlich, dass es Unterschiede zwischen den einzelnen Nullstellen gibt.

Das Ergebnis aus 0/0 kann je nach Rechenoperation unterschiedliche Werte annehmen. Somit ist ebenfalls die Rechenoperation ein entscheidendes Kriterium, welches mit berücksichtigt werden muss.
Da wir auf der Suche nach einer allgemeingültigen Lösung sind, müssen wir die Unterschiedlichen Ergebnisse unter die Lupe nehmen.

Um diese Unterschiede feststellen zu können, sollen nun die Beispiele aus Kapitel II.2 auf ihre Nullstellen hin untersucht werden.

Beispiel 1 :

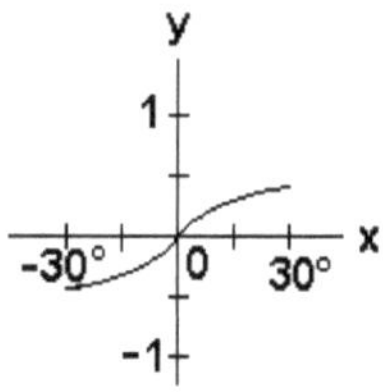

$f_1(x)$ $y = \sin x$

An der Nullstelle findet ein Vorzeichenwechsel statt.

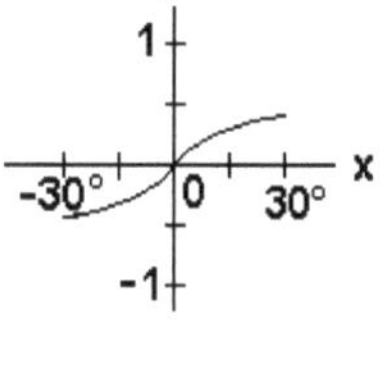

$f_2(x)$ $y = \sin x$

An der Nullstelle findet ein Vorzeichenwechsel statt.

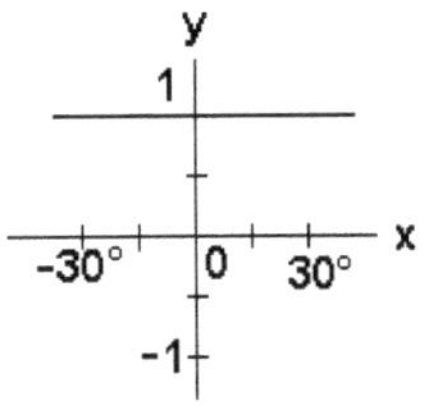

$f_3(x) = 1$

An der Nullstelle findet kein Vorzeichenwechsel statt.

Beispiel 2:

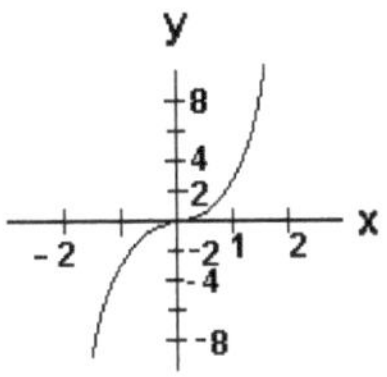

$f_1(x)$ $y = x^3$

An der Nullstelle findet ein Vorzeichenwechsel statt.

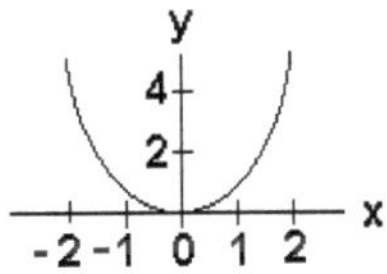

$f_2(x)$ $y = x^2$

An der Nullstelle findet kein Vorzeichenwechsel statt.

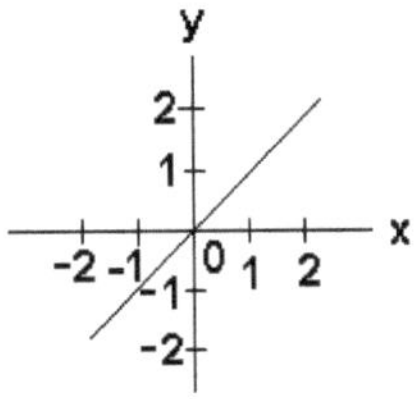

$f_3(x) = x$

An der Nullstelle findet ein Vorzeichenwechsel statt.

Beispiel 3:

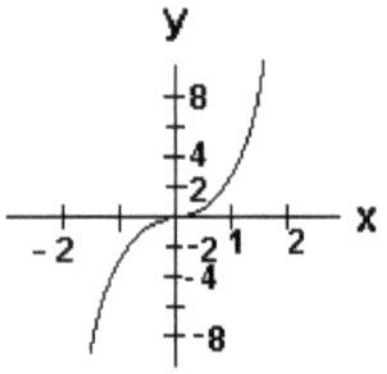

$f_1(x)\quad y = x^3$

An der Nullstelle findet ein Vorzeichenwechsel statt.

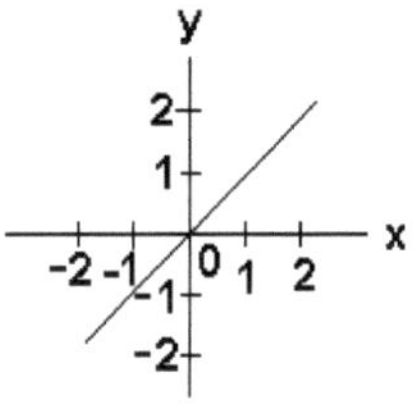

$f_2(x)\quad y = x$

An der Nullstelle findet ein Vorzeichenwechsel statt.

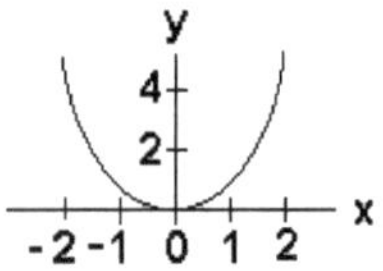

$f_3(x) = x^2$

An der Nullstelle findet kein Vorzeichenwechsel statt.

Der einzige erkennbare Unterschied zwischen den Nullstellen liegt darin, dass entweder ein Vorzeichenwechsel stattfindet oder nicht.
Zur besseren Unterscheidung legen wir folgendes fest:

± 0 = Null mit Vorzeichenwechsel
0 = Null ohne Vorzeichenwechsel

II.4 Potenzregeln bezüglich 0^n

Bei genauer Betrachtung der Diagramme der Beispiele 1 - 4, aus Kapitel I.2, stellt man fest, dass die Tatsache ob ein Vorzeichenwechsel stattfindet oder nicht, von der Potenz von X abhängig ist. Das Quadrieren verbietet ein negatives Vorzeichen ($-n^2 = -n(-n) = +n^2$).

Hieraus ergibt sich die Potenzregel für 0^n, wenn n eine positive ganze Zahl ist.

Potenzregeln: $0^1 = \pm 0$
$0^2 = 0$
$0^3 = \pm 0$
$0^4 = 0$

Gerade Exponenten ergeben 0 (ohne Vorzeichenwechsel)

Ungerade Exponenten ergeben ± 0 (mit Vorzeichenwechsel)

Anmerkung: Die Bezeichnungen +0 und -0 sind hier irreführend und sollten daher nicht verwendet werden. 0 und ∞ sind ohne Wert und gehören zu keinem System. Vorzeichenwechsel bedeutet, von + nach - oder auch von - nach + (-0 bedeutet: Von minus kommend gegen null).

II.5 Überprüfung der Potenzregel

Da das Ergebnis aus 0/0 von den Potenzen der jeweiligen 0-Stelle abhängig ist, müssen auch die allgemeinen Potenzregeln anwendbar sein.

Beispiel: $Y_1 = X^4$; $Y_2 = X^2$

$0^n/0^m = 0^{n-m}$

$0^4/0^2 = 0^{4-2} = 0^2$

Das Ergebnis kann nun mit Hilfe der, in Kapitel II.4 erstellten, Potenzregel bestimmt werden.

$0^2 = 0$

Zur Überprüfung der Allgemeingültigkeit der erstellten Regeln, berechnen wir die Beispiele aus Kapitel II.2 mit Hilfe der allgemeinen Potenzregeln.

Beispiel 1:

$f_1(X)$ Y=sinX, $f_2(X)$ Y=sinX, $f_3(X)$ Y=1

$X = 0$

$$f_3(x) \quad y = \frac{f_1(x)}{f_2(x)} = \frac{\sin x}{\sin x} = \frac{0^1}{0^1} = 0^0 = 1$$

Nach der allgemeinen Potenzregel ist $n^0 = 1$. Wendet man diese Regel auch auf n = 0 an, so ist das Ergebnis aus Beispiel 1, = 1. Da $f_3(X)$ (an der Stelle X=0) =1 ist, stimmen beide Ergebnisse überein.

Wir können die in Kapitel II.4 erstellten Potenzregeln wie folgt erweitern:

$0^0 = n^0 = 1$

Beispiel 2:

$f_1(X)\ Y=X^3,\quad f_2(X)\ Y=X^2,\quad f_3(X)\ Y=X$

$X = 0$

$$f_3(x) \quad y = \frac{f_1(x)}{f_2(x)} = \frac{\sin x}{\sin x} = \frac{0^3}{0^2} = 0^1 = 0 \rightarrow \pm 0$$

Die Funktion $f_3(X)$ verlangt eine 0 mit Vorzeichenwechsel. Die Ergebnisse stimmen überein.

Beispiel 3:

$f_1(X)\ Y=X^3,\quad f_2(X)\ Y=X,\quad f_3(X)\ Y=X^2$

$X = 0$

$$f_3(x) \quad y = \frac{f_1(x)}{f_2(x)} = \frac{\sin x}{\sin x} = \frac{0^3}{0^1} = 0^2 = 0$$

Die Funktion $f_3(X)$ verlangt eine 0 ohne Vorzeichenwechsel (Parabel). Auch hier stimmen die Ergebnisse überein.

Zusammenfassung:

Wir stellen fest, 0/0 kann mit der üblichen Potenzregel ermittelt werden; damit ist die Gültigkeit der Potenzregeln auf 0/0 erwiesen.

II.6 Negative Exponenten

Bisher war nur von positiven Exponenten die Rede. Wie aus Beispiel 4 aus Kapitel II.2 hervorgeht, erhält man bei einem negativen Exponenten ∞ als Ergebnis.

Insbesondere im Hinblick auf die Analogie von 0 und ∞ bzw. den Nachweis dieser Analogie, müssen wir unser Augenmerk auf Fälle mit dem Ergebnis ∞ legen. Auch Fälle mit Wurzelrechnungen werden nachfolgend untersucht werden. Diese sind von besonderer Bedeutung, da die Sprungbedingung zur Imaginär-Achse ja bekanntlich Wurzel aus Minus eins ist.

Anhand weiterer Beispiele sollen nun zusätzliche Fälle mit negativen Exponenten untersucht werden.

Beispiel 5:

$f_1(x)\quad y = x; \qquad f_2(x)\quad y = x^2; \qquad f_3(x) = ?$

$$f_3(x) = \frac{f_1(x)}{f(x)} = y_3 = \frac{x}{x^2} = x^{-1}$$

Wertetabelle:

x	- 2	-1	0	1	2
f_1	– 2	– 1	0	1	2
f_2	4	1	0	1	4
f_3	–0,5	– 1	∞	1	0,5

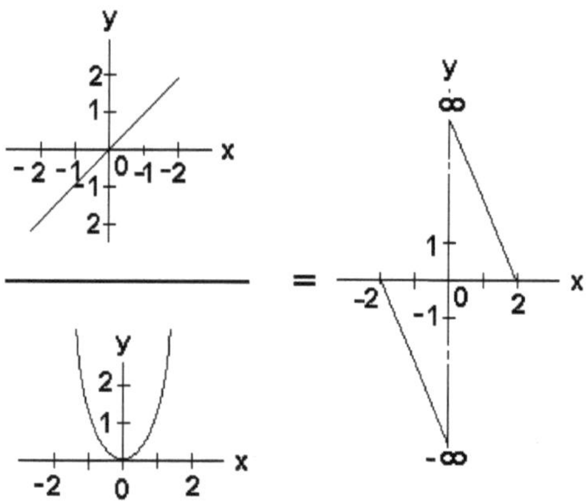

Die Funktion f_3 verlangt als Ergebnis aus 0/0 den Wert ∞.

Beispiel 6: $f_1(x)\ \ y = x^3;\qquad f_2(x)\ \ y = x^5;\qquad f_3(x) = ?$

$$f_3(x) = \frac{f_1(x)}{f\ (x)} = y_3 = \frac{x}{x^2} = x^{-2}$$

Wertetabelle:

x	- 2	-1	0	1	2
f_1	- 8	- 1	0	1	8
f_2	-32	-1	0	1	32
f_3	0,25	1	∞	1	0,25

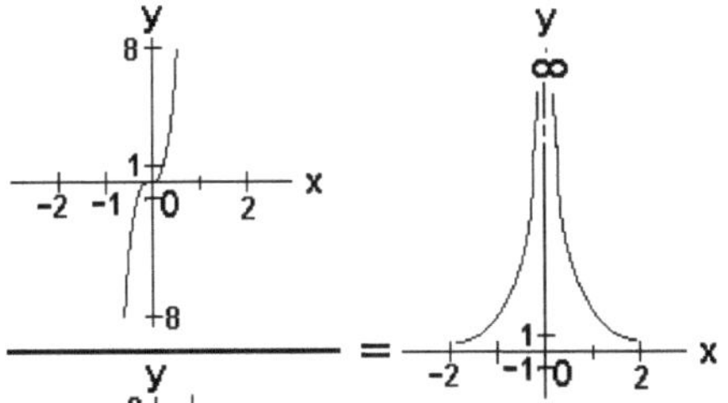

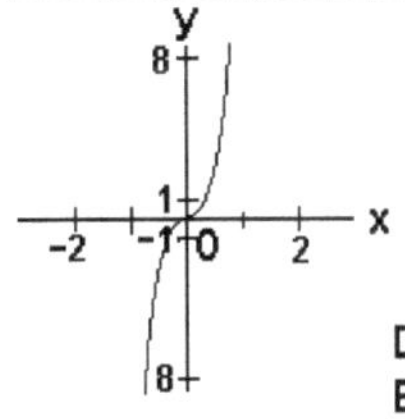

Die Funktion f_3 verlangt als Ergebnis aus 0/0 den Wert ∞.

Beispiel 7: $f_1(x)$ $y = x$; $f_2(x)$ $y = x^4$; $f_3(x) = ?$

$$f_3(x) = \frac{f_1(x)}{f(x)} = y_3 = \frac{x}{x^2} = x^{-3}$$

Wertetabelle:

x	- 2	-1	0	1	2
f_1	- 2	-1	0	1	2
f_2	-16	-1	0	1	16
f_3	-0,125	-1	∞	1	0,125

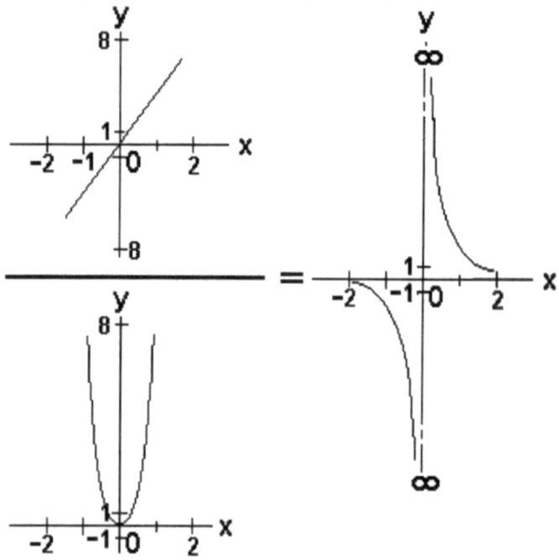

Die Funktion f_3 verlangt als Ergebnis aus 0/0 den Wert ∞.

Die Beispiele 4 bis 7 zeigen, dass bei einem negativen Exponenten (0^{-n}) immer der Wert ∞ als Ergebnis vorliegt. Betrachtet man jedoch die Diagramme von $f_3(X)$ der Beispiele 4 bis 7, so stellt man fest, dass es Unterschiede gibt. Bei den Beispielen 4 und 6 gibt es einen Vorzeichenwechsel. Bei den Beispielen 5 und 7 gibt es keinen Vorzeichenwechsel.

Die Funktionen X^{-1} und X^{-3} sind durchlaufende Funktionen, die nicht an der Stelle X=0 unterbrochen sind. Daraus folgt, dass an unendlich ein Vorzeichenwechsel stattfindet. Damit ist die Analogie zwischen 0 und ∞ (im Bezug auf den Vorzeichenwechsel) demonstriert.

Aus den gezeigten Beispielen geht ebenfalls hervor, dass der Vorzeichenwechsel von der Potenz abhängig ist. Bei allen ungeraden negativen Exponenten findet ein Vorzeichenwechsel statt; bei allen geraden negativen Exponenten findet kein Vorzeichenwechsel statt. Somit gelten für ∞ die gleichen Regeln wie sie auch für 0 gelten.

Zur besseren Unterscheidung legen wir folgendes fest (analog zu 0):

$\pm\infty$ = mit Vorzeichenwechsel

∞= ohne Vorzeichenwechsel

Für negative Exponenten gilt:

$0^{-1} = \pm\infty$, $0^{-2} = \infty$, $0^{-3} = \pm\infty$, $0^{-4} = \infty$, ... usw.

Zusammenfassung der Regeln für die Vorzeichenwechsel.

Festlegung:

± 0 = Null mit Vorzeichenwechsel
0 = Null ohne Vorzeichenwechsel

$\pm\infty$= Unendlich mit Vorzeichenwechsel
∞ = Unendlich ohne Vorzeichenwechsel

Potenzregeln für 0^n

$0^0 = 1$	$0^1 = \pm 0$	$0^{-1} = \pm\infty$
	$0^2 = 0$	$0^{-2} = \infty$
	$0^3 = \pm 0$	$0^{-3} = \pm\infty$
	$0^4 = 0$	$0^{-4} = \infty$ usw.

II.7 Der Sprung auf die Imaginär-Achse

Eine weitere zentrale Eigenschaft eines Verknüpfungsgliedes (siehe Teil 1) ist, dass es einen Sprung auf die Imaginär-Achse zulässt (bzw. vorgibt). Der Sprung auf die Imaginär-Achse erfolgt bekanntlich aus der Wurzel aus -1. Daher wollen wir einige Beispiele von Wurzelfunktionen untersuchen. Zur Wahrung der Analogie verwenden wir den geeigneteren Begriff des gebrochenen Exponenten $x^{1/n}$.

Gebrochene Exponenten.($0^{1/n}$)

Bisher haben wir nur Funktionen mit ungebrochenem Exponenten untersucht. Hier nun Beispiele von Funktionen mit gebrochenen Exponenten (Wurzelfunktionen).

Beispiel 8: $f_3(x) \quad y = \sqrt{x} = x^{\frac{1}{2}}$

Wertetabelle:

x	-2	-1	-0,5	-0,25	0	0,25	0,5	1	2
y	i 1,4	i	i 0,7	i 0,5	0	0,5	0,7	1	1,4

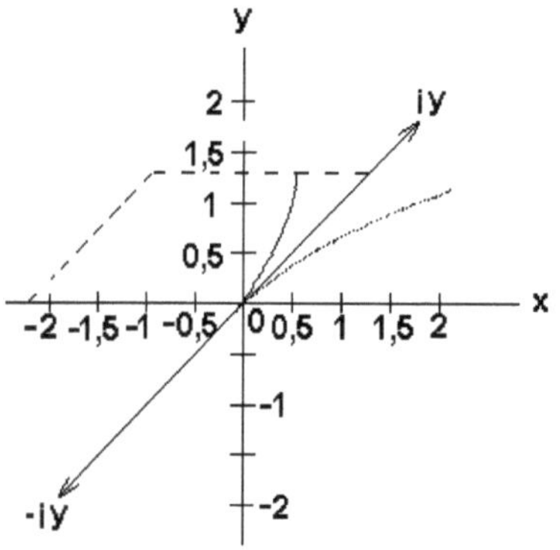

Beispiel 9: $f_3(x)$ $y = \sqrt{x} = x^{\frac{1}{3}}$

Wertetabelle:

x	-2	-1	-0,5	-0,25	0	0,25	0,5	1	2
y	-1,25	-1	-0,8	-0,6	0	0,6	0,8	1	1,25

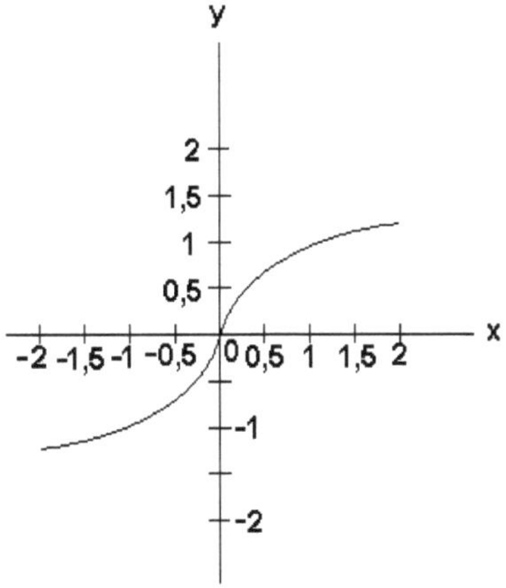

Die Beispiele 8 und 9 zeigen, dass bei einer Funktion $X^{1/n}$ ein Vorzeichenwechsel stattfindet, wenn n eine ungerade Zahl ist. Ist n aber eine gerade Zahl, so erfolgt ein Sprung auf die Imaginär-Achse (siehe Beispiel 8).

Ein gebrochener Exponent größer als 1 ist eine Addition eines ungebrochenen mit einem gebrochenen Exponenten.

Beispiel: $X1{,}5 = X1+1/2 = X\sqrt{X}$

$X = -0{,}5$

$Y = -0{,}5^{1,5}$

$= -0{,}5\sqrt{-0{,}5}$

$= -0{,}5\sqrt{-1} \cdot \sqrt{0{,}5}$

$= -0{,}5 \cdot i \cdot 0{,}707$

$\underline{\underline{= -0{,}354i}}$

Der gebrochen Anteil des Exponenten bestimmt den Sprung auf die Imaginär-Achse, der ungebrochene die Richtung (positiv oder negativ).

Bei einem gebrochenen Exponenten gelten für 0 die gleichen Regeln, wie für 0 mit ungebrochenem Exponenten. Allerdings erfolgt bei einem geraden gebrochenen Exponenten, anstelle des Rücksprungs auf die Realachse (wie beim geraden ungebrochenen Exponenten), ein Sprung auf die Imaginär-Achse.
Für den gebrochenen negativen Exponenten gilt sinngemäß das Gleiche, nur dass hier der Sprung auf die Imaginär-Achse nicht bei X=0, sondern bei X= ∞ stattfindet.

Bei einem gebrochenen Exponenten größer 1 (Kombination von gebrochenem und ungebrochenem Exponenten, z. B. 1,5; 3,5;...) kann sowohl ein Sprung auf die Imaginär-Achse erfolgen, als auch ein Vorzeichenwechsel, d.h. der Sprung erfolgt auf die negative Imaginär-Achse.

Hier gilt folgende Regel:

Handelt es sich bei dem Exponent um eine Addition aus gebrochenem und ungebrochenem Exponenten, so bestimmt der gebrochene Summand die Achse (real oder imaginär) und der ungebrochene die Richtung (plus minus). Der gebrochene Exponent kann eine Summe mehrere Brüche sein. Z. B. $X^{1,75} = X^{1+ \frac{1}{2} + \frac{1}{4}}$

II.8 Die 0 als Ergebnis einer Summe ($x^n \pm a=0$)

Bisher haben wir nur Fälle von $X^n=0$ untersucht. Allgemeingültige Regeln müssen aber alle Fälle einschließen. Wendet man die in den vorangegangenen Kapiteln erstellten Regeln auf eine Summe an, so wird man feststellen, dass diese nicht mit den Ergebnissen übereinstimmen, welche die Funktion $f_3(X)$ verlangt.

Z.B. X=2

$$y=\frac{x^3-8}{x^2-4}=\frac{2^3-8}{2^2-4}=\frac{8-8}{4-4}=\frac{0}{0}=1$$

Der Funktionsverlauf von $f_3(X)$ verlangt jedoch für X=2 den Wert 3.

Sind $f_1(X)$ und $f_2(X)$ beide an der Stelle $X^n=0$, und ist das Ergebnis aus einer Summe ($X^n \pm a$) entstanden, so sind die Regeln der vorangegangenen Kapitel nicht direkt anwendbar.

Will man diese Art von Aufgaben lösen, so muss man Grenzwertbetrachtungen an der Stelle X= n anstellen. Statt, wie gewohnt mit lim, nehmen wir ein Definiertes System.

Da jede Zahl einen festen Punkt im Zahlensystem hat, kann jede Zahl über den Mittelwert ihrer beiden Nachbarzahlen ermittelt werden.

Beispiel:

$$4=\frac{(4+1)+(4-1)}{2}=\frac{5+3}{2}=\underline{\underline{4}}$$

Wendet man diese Methode auf eine Potenz an, so entsteht ein Fehler.

Beispiel:

$$2^2=\frac{(2+1)^2+(2-1)^2}{2}$$

$$2^2=\frac{4+4+1+4-4+1}{2}=\frac{10}{2}=5\neq 2^2$$

$2^2=4$; somit beträgt der Fehler 1

Allgemein gilt:

$$\frac{(a+b)^2+(a-b)^2}{2}=\frac{a^2+2ab+b^2+a^2-2ab+b^2}{2}$$

$$=\frac{2a^2+2b^2}{2}$$

$$=a^2+b^2$$

Der Fehler entspricht b^2

Verwendet man anstelle von $(2+1)^2$, $(2+<m>)^2$, so wird b^2 zu 0. Der Fehler ist 0. Da $<m>^2$ kleiner $<m>$ ist, fällt diese Zahl aus dem System heraus. Siehe Teil 1 Axiom 1.)

Zur Veranschaulichung definieren wir ein System.

Definition(System):<M>=1000;<m>=0,001;SP=1; X=2

$$X^2=\frac{(2+<m>)^2+(2-<m>)^2}{2}=\frac{2a^2+2b^2}{2}$$

$$=\frac{2\cdot 2^2+2(0{,}001)^2}{2}=\frac{2\cdot 2^2}{2}+\frac{2\cdot 0}{2} \qquad X^2=2^2$$

Für die Berechnung von 0/0 bedeutet dies:

Wenn $X^n \pm a = 0$ ist, dann gilt:

$a = X^n \rightarrow |a| = |X^n|$
$b = X^m \rightarrow |b| = |X^m|$

Daraus folgt:

$$Y=\frac{\frac{(X+<m>)^n-X^n}{(X+<m>)^m-X^m}+\frac{(X-<m>)^n-X^n}{(X-<m>)^m-X^m}}{2}$$

$$Y=\frac{1}{2}\frac{(X+<m>)^n-X^n}{(X+<m>)^m-X^m}+\frac{1}{2}\frac{(X-<m>)^n-X^n}{(X-<m>)^m-X^m}$$

$$Y=\frac{(X+<m>)^n-X^n}{2[(X+<m>)^m-X^m]}+\frac{(X-<m>)^n-X^n}{2[(X-<m>)^m-X^m]}$$

$$Y=\frac{x^n+nx^{n-1}<m>-x^n+<m>^n}{2(x^m+mx^{m-1}<m>-x^m+<m>^m)}+\frac{x^n-nx^{n-1}<m>-x^n+<m>^n}{2(x^m-mx^{m-1}<m>-x^m+<m>^m)}$$

$\langle m\rangle^n$ und $\langle m\rangle^m$ fallen heraus, da sie zu 0 werden.

Die Elemente + X^n und - X^n heben sich gegenseitig auf, ebenso die Elemente + X^m und -X^m.

$$Y = \frac{nx^{n-1}\langle m\rangle}{2mx^{m-1}\langle m\rangle} + \frac{-nx^{n-1}\langle m\rangle}{2(-mx^{m-1}\langle m\rangle)} = \frac{nx^{n-1}}{2mx^{m-1}} + \frac{-nx^{n-1}\langle m\rangle}{-2mx^{m-1}}$$

$$= \frac{nx^{n-1}}{2mx^{m-1}} + \frac{nx^{n-1}\langle m\rangle}{2mx^{m-1}} = \frac{2nx^{n-1}}{2mx^{m-1}} = \frac{nx^{n-1}}{mx^{m-1}}$$

Da nX^{n-1} der ersten Ableitung der Differentialrechnung entspricht, kann man die Mittelwertberechnung durch diese ersetzen.

$$Y = \frac{d_y/d_x \cdot f(X)}{d_y/d_x \cdot g(X)}$$

$$Y = \frac{f'(X)}{g'(X)}$$

Wir erhalten folgende Regel: Ist eine Funktion das Ergebnis einer Division zweier Funktionen (Polynome), die beide das Ergebnis 0 (an der Stelle X=n) haben, so findet man den Wert der Funktion an der Stelle X=n durch Division der ersten Ableitungen der Funktionen $f_1(X)$ und $f_2(X)$.

Beispiel:

$$Y = \frac{f(X)}{g(X)} = \frac{X^3-8}{X^2-4} \qquad \Big| X=2$$

$$Y = \frac{f(X)}{g(X)} = \frac{X^3-8}{X^2-4} = \frac{2^3-8}{2^2-4} = \frac{0}{0} \quad \text{--->}$$

$$Y = \frac{f'(X)}{g'(X)} = \frac{3 \cdot 2^2 - 0}{2 \cdot 2^1 - 0} = \frac{12}{4} = \underline{\underline{3}}$$

Beispiel:

$$Y = \frac{X^4}{X^2} \qquad \Big| X= 0$$

$$Y = \frac{f'(X)}{g'(X)} = \frac{4X^3}{2X^1} = \frac{4 \cdot 0^3}{2 \cdot 0^1} = 0^{3-1} = 0^2 = \underline{\underline{\emptyset}}$$

Die Zahl vor der 0 kann weggelassen werden, da der Wert gegen 0 geht. (Siehe Teil 1 Abschnitt über Multiplikation mit 0). Hier sind nur noch die Potenzen wichtig, um den weiteren Verlauf der Funktion zu ermitteln.

Nach der Potenzregel (Kapitel I.6) sieht die Rechnung folgendermaßen aus.

$$Y = \frac{X^4}{X^2} \qquad \Big| \; X = 0$$

$$Y = \frac{X^4}{X^2} = \frac{0^4}{0^2} = 0^2 = \underline{\underline{0}}$$

Die Ergebnisse sind identisch. Damit ist diese Regel auch auf X = 0 anwendbar. Somit hat dieses Verfahren allgemeine Gültigkeit.

Die allgemeine Form lautet:

$$\text{Wenn } Y = \frac{f(X)}{g(X)} = \frac{0}{0} \text{ ist, ist das Ergebnis } Y = \frac{f'(X)}{g'(X)}$$

Wir haben eine völlige Übereinstimmung mit der Differenzialrechnung (inklusive mit der Regel von Bernouli und de l'Hospital).

Die Potenzregeln erlauben eine genaue Vorhersage über den weiteren Verlauf einer Funktion, wenn sie, von plus kommend, über den Wert X=0 hinausgeht. Der Sprung kann, je nach Exponent, auf jede der vier angebundenen Achsen erfolgen.

II.9 Schnittpunkt der Achsen an ∞

In Kapitel II.1 wurde bereits festgestellt, dass für unendlich die gleichen Gesetze gelten, wie sie auch für null gelten. Aus dieser Feststellung heraus ergibt sich, dass eine Funktion, in deren Definitionsbereich unendlich (anstelle von null) liegt, den gleichen Verlauf hat, wie eine Funktion in deren Definitionsbereich null liegt, wenn man von unendlich ausgehend, nach plus und nach minus, mit immer kleiner werdenden Zahlen, dem Wert null zustrebt.

Da die Zahl <M> im Unendlichen Zahlensystem unbekannt ist (da sie dort nicht existieren kann), verwenden wir ein Definiertes System. Wir nehmen an, dass die größtmögliche Zahl aus unendlich vielen Neunern besteht (9999......9999). So erhalten wir folgendes System.

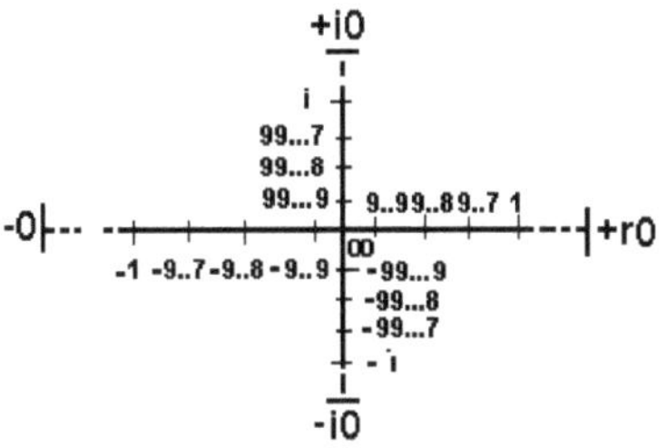

Für ∞^n gelten die gleichen Regeln wie für 0^n

Es ist auch möglich den Schnittpunkt der X-Achse mit der Y-Achse so zu legen, dass der Schnittpunkt den Wert $X=\infty$ und $Y = 0$ hat oder umgekehrt.

Wie anhand der Beweisführung ersichtlich ist, lässt sich das Thema komplexe Koexistenz prinzipiell auch mit den bekannten Regeln der höheren Mathematik behandeln. Worin liegt also der Vorteil dieser speziellen Vorgehensweise?

Im Gegensatz zur Mathematik gibt es in der Natur kein Unendlich. Es gibt immer Ober- und Untergrenzen (ungeachtet dessen, ob sie bekannt sind oder nicht). Definiert man im Bezug auf eine bestimmte physikalische Erscheinung ein mathematisches System mit <M> und <m>, so kann man ohne großen Rechenaufwand überprüfen, ob <M>/<m> ein Verknüpfungsglied 0 oder ∞ folgt. Mit den Definitionen von 0 und ∞ werden ihnen feste Positionen (keine Werte) im Zahlensystem zugewiesen und sind damit bedingt berechenbar.

Berechnungen mit 0 oder ∞ sind nur präzise, wenn 0 und ∞ aus einen definierten System stammen. Nur so ist sichergestellt, dass sie außerhalb des Systems liegen. Null ist nicht gleich null oder gar „gegen null". Null mal zwei ist nicht null, wenn der Wert nicht wirklich null, sondern nur sehr sehr klein ist ($0,\ 0000....01 \neq 0$). Wenn 0 oder ∞ von $f_1x)$ und $f_2(x)$ nicht von gleichen Definierten System stammen, kann die obige Rechnung zum falschen Ergebnis führen. Daher ist die Differenzialrechnung für Arbeiten im Bereich unmittelbar vor 0 oder ∞ unzureichend. Die Differenzialrechnung ist zudem nur auf fertige Formeln anwendbar. In der Forschung geht es aber zumeist darum eine Formel zu finden. Hier liegt der Vorteil dieser speziellen Mathematik. Ein konkretes Beispiel wie man mithilfe dieser Verfahren Lösungen findet, finden Sie in dem Buch „Die Geheimnisse der Elektromagnetischen Welle" Kap. 2.3.

Teil 3 Anwendungen auf die Komplexe Koexistenz

Mit dieser Art Systemen haben wir es vor Allem in der Theorie der Komplexen Koexistenz zu tun. Die dort beschriebenen Übergänge erfolgen vornehmlich beim Zusammentreffen von |r<M>| (∞) mit |i<m>| (0) oder von |i<M>| mit |r<m>|. Aufgrund der Besonderheit der trigonometrischen Funktionen fällt dort 1 mit <M> zusammen. Daher sind alle in diesem Buch behandelten Themen und erstellen Richtlinien dort wirksam.

Allgemeine Grundlage

Das Energieerhaltungsgesetz verlangt: E = konstant (100%). Wir erhalten die mathematische Bedingung $E=1$ oder $E \cdot n=1 \cdot n$ n(E=1). Die Doppelnatur der EMW verlangt: Entweder Energie (100% oder Masse (100%). Das ergibt die mathematische Bedingung:

$E= E_e \vee E_m$ E_e = Energie als Energie (EMW)
E_m= Energie als Masse

$E=1$; $E_e=1$; $E_m=1$; $E=(E_e + E_m)=1$.

Ein Wechsel von Ee nach Em oder umgekehrt, muss fließend, d. h. ohne Unterbrechung sein (Der Wert darf nicht 0 werden), da sonst die 1. Bedingung verletzt würde.

Daher kann die 2. Bedingung nur als komplexe Zahl erfüllt werden. Nur so können die 1. und die 2. Bedingung gleichzeitig erfüllt werden. Daraus folgt: Energie und Masse stehen 90° zueinander.

$$E = E_e + jE_m = r(1)[\cos\varphi + j\sin\varphi]; \quad E = \sqrt{E_e^2 + E_m^2}$$

Energien, Kräfte, Impulse, Potentiale, Massen und Widerstände sind allesamt Energievektoren. Sie gehören nur verschiedenen Kategorien an. Diese Kategorien stehen in einem 90°(+90°) oder 180°(+ 2·90°) Verhältnis zueinander. Vektoren verschiedener Kategorien können nur addiert werden, wenn sie zuvor in eine gemeinsame Kategorie umgerechnet wurden.

Zum Arbeiten mit den Gesetzmäßigkeiten der Komplexen Koexistenz benötigt man jeweils gemeinsame Bezugsgrößen für die Vektoren. (Zweckmäßigerweise Energievektoren.)

Energievektoren sind $E = hf$; $E= mc^2$;

Alle physikalischen Systeme basieren auf komplexen (90°) oder doppeltkomplexen (180°) Konstellationen. In der Alltagsphysik erscheinen sie allerdings nicht in der Form entweder Real oder Imaginär sondern als wirklich (mathematisch) Komplex. Nehmen wir ein Beispiel aus der Elektrotechnik. Das Ohmsche Gesetz lautet U = R·I. Der Widerstand R entspricht einer Gegenkraft zur angelegten Spannung U. Da beide gleichen Ursprungs sind (elektrische Elementarladungen) gilt U - U_R. Innerhalb der Atome/Atomverbände ist U – U_R = 0. U und U_R stehen 180° zueinander (doppeltkomplex). Der Strom I ist eine von U abhängige Größe. Ist der Widerstand (Gegenspannung U_R) sehr klein -> 0, so geht der Strom -> ∞ und U ->0. Ist er sehr groß, ist es umgekehrt. Wir haben hier eine komplexe Beziehung U = Real, I = Imaginär. Der Widerstand verhindert ein umschalten zwischen I = ∞ und I = 0. Er sorgt für das Gleichgewicht. Wir erhalten ein vom Widerstand abhängiges komplexes System.

III.1Transformation in ein komplexes System

Die Aufgabe ist das Übertragen einer der Multiplikation R·I = U in eine komplexe Form (U = r(cosφ + isinφ).

Eine Multiplikation (R·I) entspricht einer Fläche A = a·b. Wir können a der Achse x und b der Achse y zuordnen und erhalten dann:

$z = r(\cos\varphi + i\cdot\sin\varphi)$	$r = a\cdot b$, $z = c$
$c = a\cdot b(\cos\varphi + i\cdot\sin\varphi)$	Die Unbekannte ist der Winkel φ

Die Diagonale des Rechteckes (a·b) entspricht dem Zeiger (z).

In der Polarschreibweise erhalten wir:

$$z = \sqrt{a^2 + b^2} \qquad | \; a = 4, \; b = 5$$

$$z = \sqrt{4^2 + 5^2}$$

$$z = \sqrt{16 + 25} = \sqrt{41}$$

$$z = \underline{\underline{6{,}4}}$$

Der Winkel ergibt sich aus cosφ. Cosφ=a:c = 4:6,4 = 0,625; das ergibt einen Winkel von 51,34°.

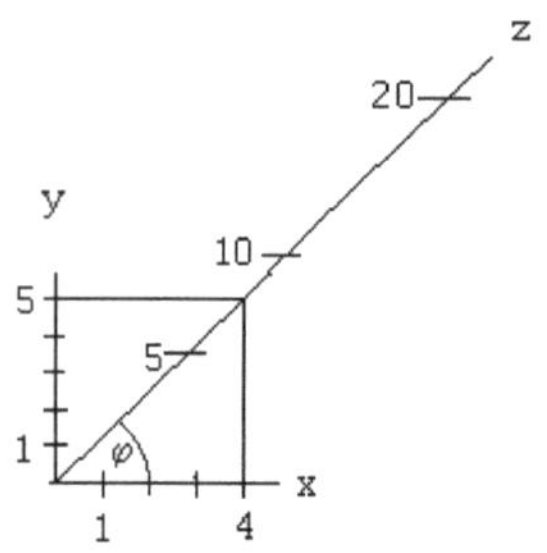

Wir übertragen das auf den Einheitskreis Z= r = 1. Nun erhalten wir eine neue Zahlengerade (Z), welche in einem Winkel φ (im obigen Beispiel 51,34°) am Verknüpfungsglied 0 an die Gaußsche Zahlenebene angebunden ist. Das Ergebnis der Multiplikation (c) liegt auf der Z-Achse. Damit wird jedes c zum Vielfachen von z:

$z = c[r(\cos\varphi + i\sin\varphi)]$ | $r=1; c=a\cdot b$

$z = ab\cdot r;\ r = \cos\varphi+i\sin\varphi$ | $c = a\cdot b$

somit erhalten wir als allgemeine Transformationsformel:

$z = ab\cdot(\cos\varphi + i\sin\varphi)$

Wenn diese mathematische Form der Multiplikation entspricht, dann muss sie auch zum gleichen Ergebnis führen.

Wir überprüfen das:

$a\cdot b = c = 4\cdot 5 = 20$

$c = a\cdot b\cdot r(\cos\varphi + i\sin\varphi)$ $\varphi= 51{,}340°$

$c = 4\cdot 5\cdot r(0{,}6247 + i0{,}7809)$

In der Polarform erhalten wir:

$c = a\cdot b\cdot r$

$$r = \sqrt{(\cos\varphi)^2 + (\sin\varphi)^2}$$

$$c = ab\cdot\sqrt{(\cos\varphi)^2 + (\sin\varphi)^2}$$

Da der Term $(\cos\varphi)^2+(\sin\varphi)^2$ immer den Wert 1 ergibt, erhalten wir:

$c= ab\cdot r = ab\cdot 1$ Die Werte sind identisch.

Wir können nun Z als neue Realachse (+r) betrachten. Da diese an einem Verknüpfungsglied angebunden ist, können wir diese Realachse zur vollständigen Gaußschen Zahlenebene erweitern.

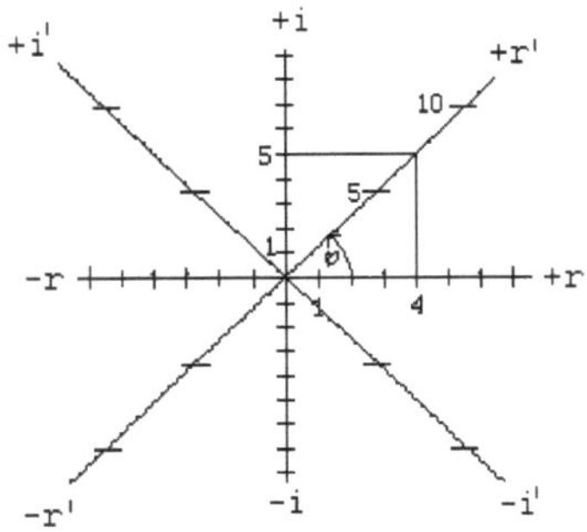

Das Gebiet der Transformation ist ein umfangreiches Spezialgebiet und ist hier nur soweit behandelt, wie es zum allgemeinen Verständnis über Zahlensysteme und deren Verknüpfungsmöglichkeiten im Hinblick auf die Theorie der Komplexen Koexistenz erforderlich ist. Das letzte Beispiel dient lediglich der Verdeutlichung. Es hat für die Praxis auch keine Bedeutung.

III.2 Ausweichen auf die 3. Dimension

Wird die Energie auf drei Dimensionen verteilt so ergibt sich folgende Konstellation (unter der Bedingung E = 1 = konstant). (Siehe auch Die Geheimnisse der Elektromagnetischen Welle Kap. 4 Erhaltung von Energie und Impuls)

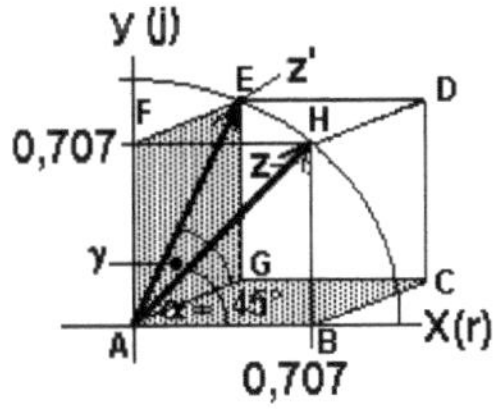

$\overline{AB}=\overline{BC}$

$\overline{AH}=Z$

$\overline{AE}=z'$

$\gamma = \measuredangle\, \overline{AG}\;\overline{AE}$

$\overline{AB}=\overline{AE}=x=\frac{\lambda}{4}$

$z=\sqrt{x^2+y^2}$; $z'^2=\sqrt{(x^2)^2+(y^2)^2}$

$\longrightarrow z'=z=1$

Der Winkel γ gibt die Neigung der Schwingungsebene zur Ausbreitungsrichtung an. Der Zeiger z bewegt sich entlang einer Kreisbahn, da er durch die komplexe Beziehung x und y (cos.r + j.sin) bestimmt wird. z´ dagegen erfährt eine weitere Drehung um 90°, so

dass wir j.j = j² = -1 erhalten. Daher ist die Verschiebung von z´ geradlinig. Wenn wir den gesamten Zeitraum der Welle (0° bis 360°) erfassen, erhalten wir über die Integralrechnung das Verhältnis z`= z.π/2.
Ein derartiges System liegt vor, wenn zu einer geschlossenen Energie Ebene (alle vier Achsen sind im Gleichgewicht |+r| = |-r| = |+i|= |-i|) ein weiterer Energievektor hinzukommt.

In dem Buch „Die Theorie über die Komplexe Koexistenz der Erscheinungsformen" wird die Vermutung geäußert, dass durch die Verhakung zweier EMW Kondensationspunkte der Materie entstehen. Da wir die EMW als Energieeinheit mit dem Wert 1 betrachten, wird der Energiewert beim Kondensationspunkt 2.

Der klassische Ansatz für dreidimensionale Vektoren $\sqrt{x^2+y^2+z^2}$ führt aber in die Sackgasse, da:

$$\sqrt{x^2+y^2+z^2} \Longrightarrow \sqrt{\sin\alpha^2 + \cos\alpha^2 + \sin\alpha^2} \Longrightarrow E = 2\sqrt{1+\sin\alpha^2}$$

In diesem Falle erhalten wir ein instabiles System, da eine Ebene unterschiedliche Werte für r und i (Real-/Imaginär-Achse) oder eine Winkeldifferenz zwischen r (sin) und i (cos) erhalten würde.

Da aber die Elektromagnetische Ebene beider Komponenten durch Null-Vektoren blockiert ist und daher weder eine Energiezunahme noch eine -abnahme erlauben, lautet der korrekte Ansatz:

$$E = \sqrt{\sqrt{\sin\alpha^2 + \cos\alpha^2} + \sqrt{\sin\alpha^2 + \cos\alpha^2}} \Longrightarrow E = \sqrt{1^2+1^2} = \sqrt{2}$$

Die effektive (nach außen wirkende) Energie verringert sich. (Vergleiche Massedefekt!)

Die Teilchen sind geladen. Sie sind noch der Energieebene zuzuordnen. Echte Masseteilchen erhalten wir, wenn sich zwei solcher Teilchen verbinden.

E ist dann zwei Mal Wurzel 2

$$E = \sqrt{\sqrt{\sqrt{2}^2 + \sqrt{2}^2} + \sqrt{\sqrt{2}^2 + \sqrt{2}^2}} \Longrightarrow \sqrt{\sqrt{2+2} + \sqrt{2+2}}$$

$$E = \sqrt{2+2} = 2$$

Die Hälfte der Energie wird somit für den Aufbau der Materie benötigt. Dies wird auch aus den beiden bekannten Energieformeln ersichtlich.

$E = mc^2$ gilt für die Äquivalenz zwischen Energie und Masse (Energie- Ebene).
$E_{kin} = ½ mv^2$ c = v = 300 000 km/s. Diese Formel hat auf der Masse-Ebene Gültigkeit.

Anhang

1. Regel: Der Wert einer Zahl wird ausschließlich durch ihre Position im Zahlensystem bestimmt; Unabhängig davon, wie dieses auch immer aufgebaut sein mag.

2. Regel: Die Position einer Zahl bestimmt deren Wert, sie ist damit dem Wert übergeordnet!

3. Regel: Rechenoperationen stellen die Beziehungen zwischen den Positionen (nicht den Werten) der Zahl des Zahlensystems dar.

4. Regel: Der Bereich von 0 bis 1 enthält die gleiche Menge an Zahlen wie der Bereich von 1 bis ∞.

5. Regel: Multipliziert man eine Zahl mit ihrer gespiegelten Zahl, so erhält man immer den Wert 1.

Axiome:

Axiom 1: Eine Zahl, gleich oder größer als ∞oder gleich oder kleiner als 0, kann es in einem Unendlichen Zahlensystem (offenes System) nicht geben. Zahlen, die mittels Rechenoperationen über ein Verknüpfungsglied hinaus gehen, werden in ein, diesem Verknüpfungsglied angebundenes, System transformiert oder fallen aus dem System heraus, wenn eine Anbindung fehlt.

Axiom 2: Definiert man ein Zahlensystem, indem man die größt- und kleinstmögliche Zahl festlegt, so müssen alle kleineren und größeren Zahlen das System verlassen und den Bedingungen eines Verknüpfungsgliedes gehorchen.

Potenzregeln für 0^n

$0^0 = 1$ $\quad 0^1 = \pm 0 \quad 0^{-1} = \pm\infty$

$0^2 = 0 \quad 0^{-2} = \infty$

$0^3 = \pm 0 \quad 0^{-3} = \pm\infty$

$0^4 = 0 \quad 0^{-4} = \infty$

usw.

Stichwortverzeichnis

Literaturnachweis und Quellennachweis:

Die zur Erstellung dieses Buches verwendeten Nachschlagewerke waren:

Die Theorie über die Komplexe Koexistenz der Erscheinungsformen Grin-Verlag
Die Geheimnisse der Elektromagnetischen Welle Grin-Verlag
Mathematik ohne Grenzen
Netz, Formeln der Mathematik, Hansa Verlag
Das moderne Lexikon, Bertelsmann Verlag
Mathematisch Formels. für Ingenieure und Naturwissenschaftler Vieweg und Teubner